insel taschenbuch 4639

Kleine englische Gartenfreuden

»Meine Gärten sind mir das Wichtigste überhaupt und meine gesamte Zeit widme ich der Arbeit in dem einen oder anderen von ihnen, und wenn das Licht nicht mehr ausreicht, um die Pflanzen zu sehen, lese oder schreibe ich über sie.«

So wusste sich schon vor hundert Jahren die englische Botanikerin und Gartenbaukünstlerin Ellen Ann Willmott zu helfen, um sich ihrer Liebe zum satten Grün, zu blühenden Gärten und dem sinnlichen Erleben der Natur immer und überall hingeben zu können. Für all die Gelegenheiten, in denen ein wirklicher Garten gerade nicht verfügbar ist, hält dieses Büchlein die wunderbare Möglichkeit parat, sich von den Worten englischer Gartenenthusiasten, Autoren und Dichter in die Welt der Pflanzen, Blumen und blühenden Landschaftsparks – zumindest in Gedanken – entführen zu lassen ...

Kleine englische Gartenfreuden

Insel

Gärtnern ist ein ernst
zu nehmender Sport.

Englische Gartenweisheit

Als erstes hat Gott der Allmächtige einen Garten angelegt.

Sir Francis Bacon, 1625

»Allein, ich glaube, daß alle Reisende mit mir einstimmig sein werden, daß es in Europa keine Gärten gibt, deren Grundlage weitläufiger wäre, oder deren Entwurf mehr ins Große ginge, als die Gärten und Parks der Engländer.«

Jakob Friedrich von Bielfeld, als Gesandter des preußischen Königs am englischen Hof, 1741

Ein Garten ist nicht dazu gedacht, nützlich zu sein. Er soll Freude bereiten.

Rumer Godden

Ein Garten ist ein großartiger Lehrer. Er lehrt uns Geduld und umsichtige Wachsamkeit; er lehrt uns Fleiß und Sparsamkeit; und vor allem lehrt er vollkommenes Vertrauen.

Gertrude Jekyll, 1899

Unser England ist ein Garten.

Rudyard Kipling, 1911

Ich glaube, der wahre Gärtner ist ein Liebhaber seiner Blumen, nicht ihr Kritiker. Ich glaube, der wahre Gärtner unterwirft sich der Natur wie ein ehrfürchtiger Diener und will sie nicht mit Trotz und Züchtigung beherrschen. Ich glaube, der wahre Gärtner wird, je älter er wird, von einem zunehmend bescheidenen, dankbaren und zweifelnden Geist geleitet.

Reginald Farrer, 1909

Auch wenn einige Arbeiten des Gärtners hart sind, ist der Gartenbau eine Kunst, bei der Ordentlichkeit und Geschicklichkeit eine bedeutende Rolle spielen, weshalb sie für Frauen besonders geeignet ist.

Alicia Amherst, 1895

Was das Thema der Gartenbekleidung für Frauen anbelangt, so halte ich für den größten Teil des Jahres einen kurzen Tweed-Rock für angemessen, weit geschnitten, so dass man über Pflanzen hinwegsteigen kann, ohne sie dabei zu verletzen, dazu einen locker sitzenden Pullover aus khakifarbenem oder braunem Flanell (schon eine halbe Stunde im Regen genügt, um einem auch in romantischer Hinsicht kleidsamen Pullover in hellen Farben den Glanz zu nehmen). Darüber einen Gartenkittel mit Taschen, ein Paar robuste Schuhe oder Stiefel sowie ein dünnes Tuch, das man sich um den Kopf bindet. Hüte sind entsetzlich im Weg, während loses und nicht kurzgeschnittenes Haar sich in jedem Zweig verfängt, wie bei Absolom, und das Ergebnis ausschließlich schmerzhaft und unordentlich ist.

Lady Seton, 1927

Es ist aufs Äußerste verboten, das Gärtnern halbherzig zu betreiben. Man muss den Garten lieben, ob man mag oder nicht.

W. C. Sellar & R. J. Yeatman, 1936

Die Jahreszeiten beobachten, mich selbst in der Liebe zur Natur zu verlieren – das ist Leben für mich. Zuerst der kahle Baum, dann die Knospen und Blüten, dann die Blätter und schließlich das Herausbilden und Anschwellen der kleinen Früchte.

Katherine Mansfield an Richard Murry

Meine Gärten sind mir das Wichtigste überhaupt und meine gesamte Zeit widme ich der Arbeit in dem einen oder anderen von ihnen, und wenn das Licht nicht mehr ausreicht, um die Pflanzen zu sehen, lese oder schreibe ich über sie.

Ellen Ann Willmott, 1909

Wer hat jemals gelernt zu gärtnern, ohne sich gleichzeitig in Geduld zu üben?

H. L. V. Fletcher

Beim Gärtnern begibt man sich stets in eine Form von Krieg gegen die Natur. Es stimmt, wir »wechseln« die Seiten, um Hinweise zu erhaschen, aber unsere Spaten und Heugabeln einfach liegen zu lassen wäre das gleiche, wie so zu tun, als ob Natur alles wäre und Kunst nichts.

James Shirley Hibberd, 1871

Nach und nach beginnt das langsam aber sicher wirkende Gift der Gartenmanie mein träge dahinfließendes Blut in meinen Adern in Wallung zu bringen.

Henry James, 1898

Wenn im Sommer alles so üppig blüht, dass man sich kaum entscheiden kann, welche all der vielen Blumen man pflücken möchte, vergisst man leicht die kahlen, kalten Tage, an denen die Erde ein Geizhals ist und, ob es einem passt oder nicht, nur ein oder zwei Blüten zur Verfügung stellt. In Mäntel und Schals gewickelt, gehen wir dann nach draußen und halten Ausschau nach einem vereinzelten Zweiglein der chinesischen Winterblüte, einer schlammbespritzten Christrose oder einem verfrühten Veilchen – einfach nach irgendetwas, das eine Vase füllen und ein bisschen Frühling vortäuschen könnte, lange bevor der Frühling wirklich da ist.

Vita Sackville-West, Meine Lieblingsblumen

Blumen bringen Leben in einen Raum.
Constance Spry

Gärten werden mit den Empfindungen des Dichters und den Augen des Malers gestaltet.
Capability Brown

Gärtnern ist die Kunst, bei der Blumen und Pflanzen zu Farbe werden und die Erde und der Himmel zur Leinwand.
Elizabeth Murray

Sie stand nun in dem wunderbaren Garten und konnte ihn jederzeit durch die Tür unterm Efeu betreten. Sie hatte das Gefühl, eine Welt entdeckt zu haben, die ihr ganz allein gehörte.

Frances Hodgson Burnett, Der geheime Garten

Die Bäume im Garten machen immer Musik, aber unsere Herzen müssen sehr still sein, um sie zu hören.

Minnie Aumonier

Blumen zeigen genau wie Menschen oder Tiere ihren Gemütszustand. Manche scheinen zu lächeln; manche sehen traurig aus; manche wirken nachdenklich und schüchtern; wieder andere sind schlicht, ehrlich und aufrichtig, wie die breitgesichtige Sonnenblume oder die Stockrose.

Henry Ward Beecher

Ein Garten muss mit der Seele angelegt werden, sonst wird er nicht blühen.

Englische Gartenweisheit

Keine andere Nation kann Parks in einer solchen Menge aufweisen, als die Engländer besitzen und noch täglich anlegen.

C. C. Laurenz Hirschfeld, 1779

Gärtnern ist ein eigenes Kapitel der Menschheitsgeschichte.

Geoffrey Grigson

Jeder weiß, dass die erste Tätigkeit eines Gärtners – egal ob ein neuer Garten angelegt oder ein bestehender neu gestaltet werden soll – die ist, die Erde umzugraben.

Jane C. Loudon, 1840

Ein Garten entsteht nicht dadurch, dass man im Schatten sitzt.

Rudyard Kipling, 1911

Yorkshire ist die sonnigste Gegend auf der Welt, wenn die Sonne scheint. Ich habe dir doch gesagt, dass du das Moor bald mögen wirst. Warte nur, bis du die goldfarbenen Blüten des Ginsters und die roten Glöckchen des Heidekrauts siehst und Hunderte von Schmetterlingen umherflattern und die Bienen summen und die Lerchen in die Lüfte steigen und vor Freude tirilieren. Dann wirst du schon bei Sonnenaufgang hinausgehen und den ganzen Tag draußen verbringen wollen.

Frances Hodgson Burnett, Der geheime Garten

Mein Frühlingsglück jedenfalls verdanke ich größtenteils dem Geruch von nasser Erde und jungem Grün.

Elizabeth von Arnim, Elizabeth und ihr Garten

Diese Regel des Gärtners soll nie vergessen sein, trocken zu säen, und nass zu pflanzen.

Englische Gartenweisheit

Es gibt, neben der Beschaffenheit unseres Klimas, zwei Dinge im Besonderen, die mit zur Schönheit und Eleganz unserer Gärten beitragen, nämlich der Kies unserer Spazierwege sowie die Qualität und das beinahe immerwährende Grün unseres Rasens.

Sir William Temple, 1685

Es ist ein größerer Vertrauensbeweis, eine Blumenzwiebel zu pflanzen als einen Baum ... in diesen verschrumpelten, farblosen Klumpen die feinen Rundungen der *iris reticulata* zu sehen oder die dichten Locken einer Hyazinthe.

Clare Leighton

Man kann einen Garten nicht ohne Demut bestellen.

Alfred Austin

Das Wetter erlangt größere Bedeutung, wenn man einen Garten hat. Nichts übertrifft den Moment, einem Regenschauer zu lauschen und sich dabei vorzustellen, wie er die Erde rund um die grünen Bohnen durchtränkt.

Marcelene Cox

Sie haben wohl gehört, dass ein Garten nur bei dem am schönsten blüht, der seine Blumen wahrlich liebt. Ich weiß, Sie möchten das glauben; und würden es für eine angenehme Art der Magie halten, wenn Sie Ihren Blumen eine noch leuchtendere Blütenpracht entlocken könnten, indem sie ihnen nette Blicke zuwerfen.

John Ruskin, 1865

Und so ging ich in den Obstgarten. Auf dem ganzen Gut gab es keinen geschützteren und paradiesischeren Winkel. Eine hohe Mauer schloß ihn auf einer Seite vom Hof ab, und auf der anderen Seite beschirmte ihn eine Birkenallee. Hinten war ein Zaun, der ihn von den einsamen Feldern trennte, und ein gewundener Pfad mit Lorbeerbüschen, an dessen Ende ein riesengroßer Kastanienbaum stand, führte zu dem Zaun und den Feldern hinunter. Hier konnte man ungesehen lustwandeln.

Charlotte Brontë, Jane Eyre

Gut gepflegt gibt es nichts Schöneres als einen Küchengarten: Dort finden wir die früheste Blütenpracht. Vergeblich suchen wir im März und im frühen April nach Sträuchern und Bäumen, deren Blüten es mit denen von Pfirsich-, Nektarinen-, Aprikosen- und Pflaumenbäumen aufnehmen können. Später im April gibt es nichts Vergleichbares mit Birnen und Kirschen.

William Cobbett, 1838

Von allen Apfelbäumen ist der Pomeroy der schönste, wenn jeder Zweig voll beladen ist mit Trauben von tiefroten Knospen, die ins zarteste rosige Weiß übergehen, sobald sich die Blüten, eine nach der anderen, öffnen.

Henry Bright, 1879

Es ist die goldene Maxime, sich beim Anlegen des Gartens von der Nase leiten zu lassen, die Augen kümmern sich um sich selbst.

Robert Louis Stevenson

Laßt uns pflanzen und fröhlich sein, denn im nächsten Herbst sind wir vielleicht alle ruiniert.

Vita Sackville-West, Meine Lieblingsblumen

Gärtnern ist die reinste aller menschlichen Freuden.

Sir Francis Bacon, 1625

Adam war ein Gärtner, und Gott, der ihn erschaffen hat, sorgt dafür, daß die Hälfte aller guten Gartenarbeit auf den Knien erledigt wird.

Rudyard Kipling, 1911

Gärtnern erfordert Unmengen an Wasser – das meiste davon in Form von Schweiß.

Lou Erickson

Die Bäume waren so froh, die Kinder wieder bei sich zu haben, daß sie sich ganz mit Blüten bedeckt hatten und ihre Arme anmutig über den Köpfen der Kinder bewegten. Die Vögel flogen umher und zwitscherten vor Entzücken, und die Blumen guckten aus dem grünen Gras hervor und lachten.

Oscar Wilde, Der eigensüchtige Riese

Frühmärz, grauer, ruhiger Himmel und braune, ruhige Erde; kahl und etwas trist und wahrhaft einsam dort draußen in der Feuchtigkeit und Stille; doch da stand ich und fühlte dieselbe kindliche Verzückung beim ersten Frühlingshauch, und die Welt war hoffnungsvoll, und ich weihte mich unverzüglich der Natur, und seitdem bin ich glücklich.

Elizabeth von Arnim, Elizabeth und ihr Garten

Wir sind in den Garten abgetaucht und haben Schnecken eingefangen. Wie sehr ich die Mischung aus Schönheit und Schmutz beim Gärtnern mag. Das macht es so lebensnah.

Evelyn Underhill an Mrs Meyrick Heath, 12.05.1912

Kletterrosen und Geißblatt rankten sich an den Wänden des Häuschens hinauf. Efeu umzog die Baumstämme, und die Blumen im Garten tränkten die Luft mit süßem Wohlgeruch.

Charles Dickens, Oliver Twist

Ein reizender Anblick – wohltuend für Auge und Gemüt. Englisches Grün, englische Kulturlandschaft, englische Behaglichkeit im strahlenden und doch milden Sonnenlicht.

Jane Austen, Emma

Wie wunderschön ein Garten ist, wenn all die Obstbäume in voller Blüte stehen!

Henry Bright, 1879

Dort gibt es einen Obstgarten mit 1000 Goldpeppingen und anderen Apfelsorten; Wege und Haine aus Ulmen, Linden, Eichen und anderen. Der Garten ist so angefüllt mit allen Arten von Gewürzsträuchern, dass die Luft geradezu parfümiert wirkt.

John Evelyn, 1818

Die meisten Menschen glauben, dass Dünger das einzig Nötige ist, um einen Garten fruchtbar werden zu lassen; wenn also die Obstbäume keine Früchte tragen und die Blumen und das Gemüse nicht gedeihen, hält man Dünger für das universale Allheilmittel. Tatsache ist jedoch, dass dies nur selten der Fall ist und die meisten kleinen Gärten vollkommen überdüngt sind.

Jane C. Loudon, 1840

Auch Unkraut ist eine Blume, wenn man sie erst einmal kennt.

A. A. Milne

Jeder, der die Welt beherrschen will, sollte zuerst versuchen, einen Garten zu beherrschen.

Englische Gartenweisheit

Welch wunderschönes Ereignis, die Veredelung einer Blume, von der Wurzel hinauf bis zur Krönung ihres Lebens und ihrer Mühen.

Samuel Taylor Coleridge, 1895

Nichts ist eher das Kind der Kunst als ein Garten.

Sir Walter Scott

Über dem Nonnenwald, dem einzigen Überrest eines riesigen uralten Forstes, der einst das ganze Tiefland bedeckt hatte wie die Heide das Hochland, schlief der Schatten einer Wolke. Die fernen buntgetüpfelten Hügel, der beschattete, wie Perlmutt schillernde Horizont, silbriges Blau, schmelzendes Grün, zarte Purpurtöne und Schattierungen von Rosa, dazu die schneeweißen Vliese der im Azur zerfließenden Wolken – es war ein Farbenspiel, welches das Auge entzückte. Frisch und köstlich umfächelte die Luft die Stirn.

Charlotte Brontë, Shirley

Dann füllt sich mein Herz mit Freude
und tanzt mit den Narzissen.

William Wordsworth, 1804

In dem ehrwürdigen Kreis unseres
Gartens sind alle Vögel willkommen –
die Freude, sie zu sehen und ihre Musik
zu hören, wiegt jegliche Verwüstung
auf, die sie verursachen mögen.

Eleanor Vere Boyle, 1884

Und oftmals – ja fast immer – kamen nun die Bienen daher, Gott weiß warum oder aus welchem hartnäckigen Verlangen nach weither geholten Süßigkeiten, da doch ohne Zweifel große Kleefelder und allerlei Gartengewächse viel näher lagen. Aber die Bienen kamen daher und tauchten in die Kürbisblüten hinein, als wäre im weiten, weiten Umkreise auch nicht eine einzige Kürbisranke zu finden.

Nathaniel Hawthorne, Das Haus der sieben Giebel

Das Geheimnis, Maiglöckchen in ihrer ersten Saison zum Blühen zu bringen, liegt darin, ihre Wurzeln vertikal zu pflanzen, statt sie flach ausgebreitet in die Erde zu betten, und sie dann nie wieder zu stören.

Lady Seton, 1927

Außer dem Vorzug der Mannigfaltigkeit ihrer Farben besitzt sie eine schöne Form und hält sich auch besonders lange in ihrer Pracht. Kein Gentleman und keine Lady mit Geschmack können sich ihrem Reiz entziehen, jedermann ist von ihr entzückt.

Thomas Fuller, 1655 – über die Tulpe

Ich kann mir vorstellen, daß es ein oder zwei Leute auf der Welt gibt, die darauf beharren, keine Tulpen zu mögen, doch das scheint mir beinahe eine Verirrung zu sein.

Anna Pavord, Die Tulpe

Ich liebe Tulpen mehr als alle andern Frühlingsblumen; sie sind das Inbild munterer Heiterkeit und graziler Anmut, und neben einer Hyazinthe sieht eine Tulpe aus wie ein gesundes, frisch gebadetes junges Mädchen an der Seite einer gesetzten Dame, die mit jeder Bewegung die Luft mit Patchouli schwängert.

Elizabeth von Arnim, Elizabeth und ihr Garten

In Freiheit mit Blumen, Büchern und dem Mond – wer könnte da nicht glücklich sein?

Oscar Wilde

Ich schreibe im Garten. Um einen Garten so zu erfassen, wie er ist, darf man nicht außerhalb oder in der Nähe von einem Garten schreiben, nur in ihm.

Frances Hodgson Burnett

Er beschrieb gerade die Natur, wie es zu allen Zeiten die Art junger Dichter ist, und um die genaue Grünfärbung zu erfassen, betrachtete er (wobei er sich kühner erwies als die meisten) den Gegenstand selbst, zufällig ein Lorbeerbusch, der unterhalb des Fensters wuchs. Danach konnte er selbstverständlich nicht weiterschreiben. Grün in der Natur ist das eine, Grün in der Literatur etwas anderes. Natur und Literatur sind offenbar von Natur aus unvereinbar; bringt man sie zusammen, zerreißen sie einander.

Virginia Woolf, Orlando

Zuerst drängten aus dem Gras, den Beeten, ja sogar aus dem spärlichen Erdreich in den Mauerritzen grüne Triebe ans Licht und schienen mit dem Wachsen gar nicht mehr aufhören zu wollen. Dann zeigten sich überall Knospen, und die Knospen begannen sich zu entfalten und in allen möglichen Blau-, Rot- und Violettschattierungen zu leuchten. Als der Garten in voller Blüte stand, sprossen aus jeder Spalte, jeder Ecke, jeder Vertiefung Blumen hervor.

Frances Hodgson Burnett, Der geheime Garten

Ein Blumengarten ist ein Raritäten-kabinett, dessen verschiedene Fächer dafür bestimmt sind, die wertvollsten Edelsteine der Natur aufzubewahren.

John Rea, 1665

Gärtnern ist das größte Vergnügen des Menschen, es ist die schönste Erfindung des menschlichen Geistes.

Sir Francis Bacon, 1625

Kein Geschöpf in dieser ganzen Gegend hier kann auch nur annähernd verstehen, mit welchem Herzklopfen ich mich auf das Aufblühen dieser Rosen freue!

Elizabeth von Arnim, Elizabeth und ihr Garten

Büschelweise erhoben sich Iris und weiße Lilien aus dem Gras, und die grünen Lauben füllten sich mit wahren Heerscharen von blauem und weißem Rittersporn, Akeleien und Glockenblumen.

Frances Hodgson Burnett, Der geheime Garten

Wer von uns wollte das Veilchen in der Erinnerung an unsere frühe Kindheit missen? Und wie viele von uns sind von seinem vorbeiziehenden Duft nicht auch jetzt an Szenen erinnert, zu denen man nie wieder zurückkehren kann, aber die wie ein Bild aus Grün und Sonnenschein und Gesang vor dem Auge unseres Geistes schweben, das dort für immer verweilen kann.

Anne Pratt, 1855

Der einzige Weg zu lernen ist, die eigentliche Arbeit auch zu TUN.

Beatrix Havergal

Monsieur Emanuel hatte eine Vorliebe für Gartenarbeit, er liebte es, Pflanzen zu pflegen und zu versorgen. Ich dachte immer, daß es wohl seine Nerven beruhigte, wenn er mit dem Spaten die Erde um die Büsche lockerte oder die Gießkanne handhabte. Das war eine Erholung, zu der er oft Zuflucht nahm. Auch jetzt sah er nach den Orangenbäumen, den Geranien und den prächtigen Kakteen und stillte ihren Durst.

Charlotte Brontë, Villette

Manchmal werde ich richtig neidisch, und es schmerzt mich zu sehen, wie die Männer ihrer erfreulichen Arbeit im Sonnenschein nachgehen, die üppige, feuchte Erde umgraben, rechen, jäten, gießen, pflanzen, das Gras mähen, die Bäume schneiden – alles, was sie tun, erfüllt meine Seele mit der Sehnsucht, hinauszugehen und es ihnen gleichzutun. Aber es wird noch viel geschehen müssen, bis es mir gestattet ist zu graben, ohne Aufsehen zu erregen.

Elizabeth von Arnim, Ein Sommer im Garten

Frühmorgens pflegte Oliver schon gegen sechs auf den Beinen zu sein, durchstreifte die Felder und durchsuchte die Hecken nach Feldblumen, die er sorgfältig geordnet als Zierde auf den Frühstückstisch stellte. So verflossen drei Monate – drei Monate, die selbst im Leben eines vollkommen Glücklichen schön zu nennen gewesen wären, für Oliver aber nach den unruhigen trüben Jahren, die er verlebt, ungemischte Seligkeit bedeuteten.

Charles Dickens, Oliver Twist

Die Hauptaufgabe eines Gartens ist es, seinem Besucher die schönste und höchste Art des irdischen Vergnügens zu bereiten.

Gertrude Jekyll, 1899

Alice öffnete die Tür und sah, dass sie in einen engen Gang führte, nicht viel höher als ein Mausloch. Sie kniete nieder, und als sie hineinschaute, fiel ihr Blick in den schönsten Garten, den ihr euch nur denken könnt. Da hätte sie freilich gern zwischen den bunten Blumenbeeten und den kühlen Springbrunnen getummelt; aber nicht einmal den Kopf bekam sie durch die Tür.

Lewis Carroll, Alice im Wunderland

Bei Sonnenaufgang oder im Dunklen gibt es nichts Besseres, als alleine im Garten zu verweilen und sich in einer schwelgerischen Träumerei von all den scheuen Anwesenden heimsuchen und in Besitz nehmen zu lassen.

James Douglas, 1930

Er ging hinüber zu den Nelken, deren heftiges Parfum den schaukelnden, schweren Geruch der Lilien scharf durchschnitt. Der Duft machte ihn betrunken.

D. H. Lawrence, 1913

Alles dreht sich von nun an nur noch um Erdbeeren. »Die beste Frucht Englands – jedermanns Lieblingsfrucht – dies hier die schönsten Beete und besten Sorten. Herrlich, wenn man sie eigenhändig pflücken dürfe – nur so könne man sie wirklich genießen – jede Sorte so lecker – Hautboy ganz klar die beste.«

Jane Austen, Emma

Der Duft der Blumen ist weit süßer in der Luft als in der Hand.

Sir Francis Bacon, 1625

Wären Gerüche sichtbar wie Farben, sähe mein Sommergarten aus wie ein Regenbogen.

Robert Bridges, 1925

Die süßen Gerüche eines Gartens sind in keinster Weise nur die kleinste seiner vielen Freuden.

Gertrude Jekyll, 1899

Hie und da ein Windhauch, und die Gartenwicken murmelten in ihrem Schlaf; oder ein sanftes Rauschen in den Rosen, als ob sie fürchteten, aus ihren unbeschwerten Träumen geweckt zu werden.

Benjamin Disraeli, Sybil

Ein Garten ist ein Freund, den man jederzeit besuchen kann.

Englische Gartenweisheit

Ich schätze meinen Garten mehr wegen seiner vielen Amseln als wegen der Kirschen, und ich gebe ihnen ganz freiwillig Früchte für ihre Lieder.

Joseph Addison, 1711

Und wieder einmal sind wir zurück in dem Monat, in dem das Rotkehlchen ununterbrochen singt. Die Rotkehlchen, wie ich finde, sind die zahmsten aller Gartenvögel, und während wir die Beete harken oder neue anlegen, folgen sie uns auf Schritt und Tritt und genießen die frisch aufgeschüttete Erde.

Mrs C. W. Earle, 1897

Aber die Herrlichkeit des Gartens liegt in so viel mehr, als man mit dem bloßen Auge sehen kann.

Rudyard Kipling, 1911

Der beste Ort, um nach Gott zu suchen, ist in einem Garten. Man kann dort nach ihm graben.

George Bernard Shaw, 1932

Seit dem Morgengrauen war der Gärtner auf den Beinen, mähte und säuberte den Rasen, bis das Gras und die dunklen flachen Rosetten, wo die Maßliebchen gewesen waren, zu glänzen schienen. Was die Rosen betrifft, so hatte man das Gefühl, sie wüßten, daß Rosen die einzigen Blumen sind, die auf Gartenfesten wirken, die einzigen Blumen, die jeder mit Sicherheit kennt. Hunderte, ja buchstäblich Hunderte waren in einer einzigen Nacht aufgebrochen; die grünen Büsche neigten sich, als ob ein Erzengel sie besucht hätte.

Katherine Mansfield, Das Gartenfest

Das Unkrautjäten ist eine genussvolle Beschäftigung, besonders im Sommer nach Regenwetter, wenn sich die Wurzeln klar und sauber herausziehen lassen.

Gertrude Jekyll, 1899

Am Nachmittag ging ich mit Philip los, um Nesseln zu schneiden. Sie haben mich an meinen nackten Beinen gestreift (im Sommer trage ich nie Strümpfe), und es war überaus schmerzhaft. Es war ein merkwürdiges, irritierendes brennendes Gefühl, aber ich liebe das duftende Aroma geschnittener Nesseln.

Lady Ottoline Morrell, 1918

Das Bewässern eines Gartens verlangt beinahe ebenso viel Urteilsvermögen wie das Abschmecken und Würzen einer Suppe. Halten Sie die Erde immer gut gelockert und luftig, indem sie, wo das möglich ist, mit einer Harke die Beete rechen; wo für die Arbeit mit einer Harke nicht genug Platz ist, lockern sie die Erde alle fünf Tage oder einmal in der Woche vorsichtig mit einer kleinen Handschaufel. So wird die Flüssigkeit im Boden gehalten, da die lockere Erde wie Mulch wirkt.

Mrs Helena Rutherfurd Ely, 1903

Was bin ich doch für eine glückliche Frau, daß ich in einem Garten lebe, mit Büchern, Kindern, Vögeln und Blumen und reichlich Muße, all das zu genießen!

Elizabeth von Arnim, Elizabeth und ihr Garten

Der Garten der Barrys war eine verwunschene Blumenwildnis. Er war umgeben von alten Weiden und hohen Tannen, unter denen all die Blumen einen Platz zum Gedeihen fanden, die den Schatten liebten. Sorgfältig angelegte, rechtwinklige Pfade, gesäumt von Muschelschalen, durchkreuzten ihn wie satte rote Bänder, und in den altmodisch angelegten Blumenbeeten tobte das Chaos.

Lucy Maud Montgomery, Anne auf Green Gables

An einem schönen Tage im Schatten zu sitzen und auf das Grün zu blicken ist die vollkommenste aller Erfrischungen.

Jane Austen, Mansfield Park

Vor langer Zeit habe ich gelernt, dass man Pfingstrosen, um sie wirklich bewundern zu können, so pflanzen muss, dass man in ihrer Nähe oder direkt neben ihnen sitzen kann. Und so sitze ich jetzt hier, die Luft erfüllt vom Duft der mit unzähligen Blüten übersäten Pfeifensträucher, direkt umgeben von den wunderbarsten Blumen, die in unseren Gärten gedeihen.

Mrs Francis King, 1927

Die Bedeutung eines Gartens liegt zur Hälfte allein in der konstanten Übung der Vorstellungskraft.

Mrs C. W. Earle, 1897

Er fand nicht bloß Freude an dem Duft der Blumen, an ihrer Form oder der zarten oder der prächtigen Farbe: er fühlte in derselben auch Leben, Charakter, Individualität, so daß er die Blumen des Gartens liebte, als hätten sie Gefühl und Geist.

Nathaniel Hawthorne, Das Haus der sieben Giebel

Der Stolz meines Herzens und die Freude meiner Augen ist mein Garten. Ich kenne nichts Angenehmeres, als hier an einem Sommernachmittag zu sitzen, wenn die Sonne flimmernd durch den Holunder fällt und auf die entzückenden Beete scheint, wo Blumen und Stauden so dicht aneinander stehen wie Grashalme im Rasen, eine Wildnis an Blüten, verflochten, verschlungen, sich kräuselnd und umkränzend, eine kaum zu fassende Üppigkeit, und die Erde darunter gerade zu erraten, nie aber zu sehen.

Mary Mitford, 1832

Was der Sonnenschein für die Blumen, ist das lachende Gesicht für die Menschen.

Joseph Addison, 1711

Ich persönlich finde es hocherfreulich, dass wieder kräftigere Farbtöne in unsere Gärten Einzug halten – rot, scharlachrot, orange, violett. Im hinteren Teil meines Gartens habe ich ein Randbeet angelegt, das mir diesen Sommer besonders große Freude bereitet hat. Es ist vor allem in Rot und Weiß gehalten, hie und da durchbrochen von zartem Pink, etwas kühlem Blau und ein bisschen hellem Gelb, um dem Glanz die Schärfe – oder, wenn man so will, den Fluch – zu nehmen.

Louise Beebe Wilder, 1924

Nach dem Frühstück ging ich hinaus in den Garten – die Blumen schienen zu lächeln und mir mit ihren Häuptern zuzunicken und sie verbeugten sich mit geradezu anmutiger Virtuosität, um mich zu begrüßen.

A. C. Benson, 1900

Wo die Blumen selbst die Planung des Gartens übernommen haben, ziehe ich mich höflich zurück, denn sie sind Intelligenzen, die das Geschehen lenken, und greifen dort an, wo wir stümpern.

Norah Lindsay

Das größte Geschenk des Gartens ist die Erneuerung der fünf Sinne.

Hanna Rion Ver Beck, 1909

Wie schön ist ein Garten inmitten
der Prüfungen und Leidenschaften
des Lebens.

Benjamin Disraeli

Komm in meinen Garten. Ich möchte,
dass meine Rosen Dich kennenlernen.

Richard B. Sheridan

Da waren rosafarbene Tränende Herzen und große, prächtige Pfingstrosen; duftende Narzissen und dornige, süße Bibernell-Rosen; pinke, blaue und weiße Akeleien und zartlila gefärbtes Seifenkraut; Büschel von Eberraute, Rohrglanzgras und Minze; violetter Aronstab, Amaryllis und Felder von Honigklee mit seinen feinen, duftenden, zarten Zweigen; Scharlachlichtnelken, die ihre feurigen Lanzen über die sittsamen zarten Gauklerblumen ausstrecken; es war ein Garten, in dem der Sonnenschein verweilte und die Bienen summten und in dem der Wind, zum Bleiben verlockt, sanft summte und knisterte.

Lucy Maud Montgomery, Anne auf Green Gables

Sie erreichten den Blumengarten und traten ohne darüber nachzudenken durch das unverschlossene Tor der von einer hohen, dichten Hecke umgebenen Gartenpforte auf eine weite Fläche leuchtender Farben, die, nach dem schattigen Grün, das sie gerade durchquert hatten, das Auge blendeten wie Flammen.

George Eliot, 1858

Unterdessen schlendert er durch den Garten und wartet, wartet. Er beugt sich zu den Blumen, und jede Blume ist ein Wunder für ihn.

Edith Nesbit, Die Eisenbahnkinder

Er wanderte eine Stunde in atemloser Erregung umher, streifte den Tau vom dicht wachsenden Farnkraut und von den prächtig blühenden Gartenrabatten, schmeckte die duftende Luft und blieb überall in murmelnder Verzückung stehen, sobald eine neue exquisite Beobachtung sein Auge berührte.

Henry James, Prinzessin Casamassima

»O du Feuerlilie«, sagte Alice, denn eine solche wuchs da und schaukelte anmutig im Wind, »wenn du doch nur reden könntest!«
»Wir können schon«, sagte die Feuerlilie, »solange jemand da ist, mit dem es sich lohnt.«

Lewis Carroll, Alice hinter den Spiegeln

Ich saß draußen unter Bäumen,
in himmlischer Atmosphäre, und
zeichnete. Jeden Tag, jedes Jahr erschien
dieser süße Ort noch wunderbarer,
und der blendende Sonnenschein, das
tiefblaue Meer und die überwältigende
Blumenpracht machten ihn zum
perfekten Paradies.

*Queen Victoria über die Gärten von Osborne House,
Journal, 16.08.1855*

Es gibt im Garten keine schönere, leichter zu züchtende oder so voll blühende Pflanze wie den Phlox. Ich könnte niemals einen Garten ohne ihn haben. In meinem muss es mehrere Tausend geben.

Mrs Helena Rutherfurd Ely, 1903

Beim Gärtnern geht es darum, den Enthusiasmus so lange aufrecht zu erhalten, bis der Rücken sich daran gewöhnt hat.

Englische Gartenweisheit

Bei der Gartenarbeit braucht man einen festen Glauben und Geduld, wobei Geduld weitaus schwieriger aufzubringen ist.

Deborah Cavendish, Herzogin von Devonshire

Meine Blumen wachsen über den ganzen Garten verteilt in größtem Reichtum und Überfluss.

Joseph Addison, 1711

Ich habe auch einen wunderbaren Oleander, der sogar jetzt einige Blüten trägt. Liebst du nicht auch Oleander? So klar seine Blätter und seine Zweige, und so schön in seiner Blüte; er liebt es, im Wasser zu stehen, das er sogleich aufsaugt. Ich verehre ihn geradezu.

Edward Fitzgerald an Mrs Kemble, 1882

Wie schön der ganze Garten aussah zu der Stunde, als es eigentlich Nacht sein sollte, gegen zehn Uhr, in diesem außergewöhnlichen, sonderbaren Tageslicht! Jenseits des hohen westlichen Mauerverlaufs und der Bäume, die sich am oberen Ende erstrecken, lagen am kalten klaren Himmel Wolkenfelder ausgebreitet, beleuchtet vom feurigen Schein der untergehenden Sonne.

Eleanor Vere Boyle, 1884

Gestern Abend zogen graue Wolken auf. Wie schön es ist, jetzt am Morgen, dieses strahlende Licht eines gesegneten Sommertages, nie leuchtender wie nach dem Regen, und jeden Baum und jede Pflanze strotzend vor neuem Leben und vor Freude zu sehen; und die eigene Herzensfreude zu spüren, wie gut es ist zu leben, und noch viel besser in einem Garten zu leben.

Gertrude Jekyll, 1900

Liebe ist das große Amulett, das diese Welt in einen Garten verwandelt.

Robert Louis Stevenson

Der Garten war eine Wildnis von herbstlichem Gold, Purpur, Violett und flammendem Scharlachrot, und auf jeder Seite standen Garben später Lilien zusammen – weiße oder rotweiße. Letzte Rosen kletterten empor und hingen herab und drängten sich in dichten Trauben zusammen, und der Sonnenschein, der das gelb werdende Laub der Bäume zum Leuchten brachte, gab einem das Gefühl, in einem von einer Laube überwölbten goldenen Tempel zu stehen.

Frances Hodgson Burnett, Der geheime Garten

Die Erde ist so gütig, dass sie, wenn man sie mit der Hacke kitzelt, mit einer vollen Ernte lacht.

Douglas William Jerrold

Aus den Träumen des Sommers wird im Herbst Marmelade gemacht.

Englische Gartenweisheit

Da waren Äpfel gleich Rubinen; Birnen mit der zarten Tönung eines Topas; eine ganze Ansammlung von Pflaumen, einige violett wie Amethyste, andere blau und leuchtend wie Saphire.

Benjamin Disraeli, Sybil

Dies ist der Monat der stillen Tage, des karmesinroten wilden Weins und der Brombeeren, der heitern Nachmittage im reifenden Garten, des Teetrinkens unter Akazien statt unter allzu schattigen Buchen, des Holzfeuers in der Bibliothek an frostigen Abenden.

Elizabeth von Arnim, Elizabeth und ihr Garten

Mein Gewächshaus ist nie ein erfreulicherer Ort wie kurz vor dem Moment, wenn wir uns aus ihm zurückziehen müssen. Die sanftmütige Herbstsonne und die Gelassenheit der späten Jahreszeit lassen es zu einem so angenehmen Rückzugsort werden, wie man ihn im Sommer vergeblich sucht. Ich sitze bei offenen Fenstern und geöffneter Tür und werde beschenkt mit dem Duft jeder einzelnen Blume in einem Garten, der so angefüllt ist mit Blumen wie nur möglich.

William Cowper an Rev. John Newton, 18. September 1784

Wie ich es verabscheue, krank zu sein! Wie ich dagegen ankämpfe und mich dagegen wehre, wie ich bis zum letzten Moment im Garten bleibe und mich dann noch schwankend wieder erhebe, um hinauszugehen und das Veilchenbeet anzupflanzen.

Mrs Leslie Williams, 1901

Der Garten verlockt,
nährt und erfreut den Geist.

Nicholas Grimald

Eines der größten Vergnügen an einem Garten ist die Vorfreude, die er beschert.

W. E. Johns, 1937

Wenn ich irgendwo in einem Feld eine Pflanze sehe, die mein Gefallen weckt, bekommt sie einen Platz in meinem Garten. Ich nehme keine auf, die dort nicht natürlich gedeiht, und es erfüllt mich mit Freude, wenn ich in dem durch meine Hand erschaffenen Labyrinth nicht weiß, ob der nächste Baum, dem ich begegne, ein Apfelbaum oder eine Eiche ist, eine Ulme oder ein Pfirsichbaum.

Joseph Addison, 1711

Wenn die Welt uns ermüdet und die Gesellschaft uns nicht mehr zufriedenstellen vermag, gibt es immer den Garten.

Minnie Aumonier

An einem milden Septemberabend kam ich aus dem Garten mit einem schweren Korb Äpfel, die ich aufgelesen hatte. Es war dunkel geworden, der Mond blickte über die hohe Hofmauer, und sein Licht warf unbestimmte Schatten in die Winkel der zahlreichen Vorsprünge des Gebäudes. Ich setzte meine Last auf die Stufen neben der Küchentür nieder und verweilte etwas, um mich auszuruhen und noch ein wenig die milde, süße Luft zu atmen.

Emily Brontë, Die Sturmhöhe

Gärtnern ist keine Frage von
Renommee oder Reichtum,
Gärtnern ist ein Lebensstil.

Beth Chatto

Ein kleiner Garten zum Umhergehen,
aber eine Unermesslichkeit zum
Träumen.

Englische Gartenweisheit

Der Efeu wächst hier so reichlich, dass man ihn mit strenger Hand behandeln muss, und viele, denen er weniger wohlgesinnt ist, betrachten unseren mit Neid. Mehr als einmal mussten wir zwischen einem Baum und einem Efeuhimmel wählen. Er liegt wie ein wunderschön wachsender Teppich unterhalb einer langen Reihe von Ulmen, wo sonst nichts wachsen würde; in der Tat, wo immer sich ein Fleckchen Erde auftut, das zu schattig ist für Gras oder im Allgemeinen undankbar, pflanzen wir Efeu; er weiß sofort, was zu tun ist, und erfüllt seine Pflicht.

Eleanor Vere Boyle, 1884

Wenn ich mit einem intellektuellen
Freund spreche, festigt sich in mir
die Überzeugung, vollkommenes Glück
sei ein unerreichbarer Wunschtraum.
Spreche ich dagegen mit meinem
Gärtner, bin ich vom Gegenteil
überzeugt.

Bertrand Russell

Die Liebe zum Garten ist ein Same, die einmal gesät niemals stirbt, sondern immer weiter wächst und gedeiht – eine bleibende und immer voller strömende Quelle des Glücks.

Gertrude Jekyll, 1899

Man kann viele Probleme begraben, wenn man in der Erde wühlt.

Englische Gartenweisheit

Ich kann nicht genug betonen, wie wichtig das oberste Prinzip der Ordentlichkeit im Garten einer Dame ist. Ist er nicht durch und durch ordentlich gepflegt, ist er nichts.

Marie E. Jackson, 1822

Ein sicherer Weg, die Freundschaft einer anderen Frau zu verlieren, ist es, den Versuch zu wagen, ihre Blumenarrangements zu verbessern.

Marcelene Cox

Die romantisch klingende »Tender and True« ist, ob Sie's glauben oder nicht, eine Pastinake. Dann gibt es eine Erbse mit Namen »Bikini«, und der bekannteste Rettich heißt »French Breakfast«.

Deborah Cavendish, Herzogin von Devonshire

Wir gingen noch zwei-, dreimal um den verfallenen Garten herum, und mir war es, als stünde er ganz in Blüte. Wären das Grün und Gelb des Unkrauts in den Spalten der alten Mauer höchst köstliche Blumen gewesen, wie sie nur je wuchsen und gediehen, dieser Garten könnte meiner Erinnerung nicht lieber und werter gewesen sein.

Charles Dickens, Große Erwartungen

Sobald man einen Garten zum ersten Mal betritt, weiß man rein instinktiv, genau wie ein Hund, der die Fährte eines Fuchses unmittelbar aufnimmt, ob das Interesse geweckt ist oder nicht.

Mrs C. W. Earle, 1897

Die Natur wird nur dadurch beherrscht, dass man ihr gehorcht.

Sir Francis Bacon, 1625

Gott hat uns regnerische Tage geschenkt, damit Gärtner ihre Hausarbeit erledigen können.

Englische Gartenweisheit

Der Schönwettergärtner, der nichts tun will, außer wenn Wind und Wetter und alle anderen Umstände ihm wohlgesinnt sind, wird die Kunst des Gärtners niemals beherrschen.

Henry Ellacombe, 1902

Ich möchte behaupten, dass die vornehmste Bestimmung eines Gartens die ist, Freude zu schenken und das Gemüt aufzuheitern, zu trösten, zu inspirieren und das Herz mit Lob und Dankbarkeit zu füllen.

Gertrude Jekyll, 1899

Der, der einen Garten pflanzt,
pflanzt reines Glück.

Englische Gartenweisheit

Die Poesie, die Malerei und das Gärtnern, oder die Wissenschaft von der Landschaftsgestaltung, werden von Menschen mit Geschmack für immer als drei Schwestern gesehen werden, oder als die drei neuen Grazien, welche die Natur schmücken.

Horace Walpole, 1904

Diese Pflanzenart, die unsere grenzenlose Zuneigung und Bewunderung verdient, stellt uns vor die nahezu perfekte Probe, einen ausgeglichenen Geist und eine ausgeglichene Lebenshaltung unter Beweis zu stellen; in dem Sinne, dass niemand weder im einen noch im anderen gänzlich falschliegen kann, wenn er Bäume liebt, aber mit Sicherheit ein jeder, der sie nicht liebt, in beiderlei Hinsicht scheitert.

John Ruskin, 1860

Gott hat uns die Erinnerung geschenkt,
um auch im Dezember Rosen zu haben.

J. M. Barrie

Was für ein trostloser Ort die Welt ohne Blumen wäre! Wie ein Gesicht, das nicht lächelt, wie ein Fest, auf dem man nicht willkommen ist.

A. J. Balfour

Was mich der Garten am eindrücklichsten gelehrt hat und ich an andere weitergeben möchte, ist die dauerhaft währende Zufriedenheit, die einem die Liebe zum Garten schenkt.

Gertrude Jekyll, 1899

Nur dann lebt ein Garten wirklich,
wenn er ein Ausdruck des Glaubens,
der Verkörperung einer Hoffnung
und ein Loblied ist.

Russel Page

Vielleicht liegt die größte Anziehungskraft eines Gartens darin, dass man in ihm immer eine Beschäftigung finden kann. Wenn der Geist und die Hände betätigt werden, sind Sorgen bald vergessen.

Alicia Amherst, 1895

Manche Gärten, gleich manchen Menschen, besitzen einen Charme, der eine geradezu verführerische Macht hat und gleichzeitig so flüchtig und ungreifbar ist wie Tau oder Dunst.

Norah Lindsay über Sutton Courtenay

Nie hatte ich einen Wunsch so stark und so begehrlich als diesen, den ich immer schon verspürte, dass ich Herr eines kleinen Hauses und eines *großen* Gartens sein könne.

Abraham Cowley, 1666

Literatur- und Quellenverzeichnis

A Gardeners Miscellany. Summersdale Publishers Ltd, 2012

Joseph Addison, Essays, in: *The Spectator*, 1711

Alicia Amherst, *A History of Gardening in England*, 1895

Elizabeth von Arnim, *Ein Sommer im Garten*. Roman. Aus dem Englischen von Leonore Schwartz. Insel Verlag Berlin 2016 (it 4467)

Elizabeth von Arnim, *Elizabeth und ihr Garten*. Roman. Aus dem Englischen von Adelheid Dormagen. Insel Verlag Berlin 2012 (it 4132)

Jane Austen, *Emma*. Roman. Aus dem Englischen von Angelika Beck. Insel Verlag Berlin 2012 (it 4520)

Jane Austen, *Mansfield Park*. Roman. Aus dem Englischen von Angelika Beck. Insel Verlag Berlin 2010 (it 3539)

Alfred Austin, *The Garden that I Love*, 1894

Alfred Austin, *In Veronica's Garden*, 1895

Francis Bacon, *Of Gardens*, 1625

Robert Bridges, »The Testament of Beauty«, 1925

Henry Bright, *A Year in a Lancashire Garden*, 1879

Charlotte Brontë, *Jane Eyre*. Roman. Aus dem Englischen von Melanie Walz. Insel Verlag Berlin 2015

Charlotte Brontë, *Shirley*. Roman. Aus dem Englischen von Johannes Reiher und Horst Wolf. Insel Verlag Berlin 2016 (it 4430)

Charlotte Brontë, *Villette*. Roman. Aus dem Englischen von Christiane Agricola. Insel Verlag Berlin 2014 (it 4307)

Emily Brontë, *Die Sturmhöhe*. Roman. Aus dem Englischen von Grete Rambach. Insel Verlag Berlin 2011 (it 4018)

Isobel Carlson, *Words from the garden. A collection of beautiful poetry, prose and quotations*. Summersdale Publishers Ltd, 2014

Lewis Carroll, *Alice hinter den Spiegeln*. Aus dem Englischen von Christian Enzensberger. Insel Verlag Frankfurt am Main 1974 (it 097)

Lewis Carroll, *Alice im Wunderland*. Aus dem Englischen von Christian Enzensberger. Insel Verlag Frankfurt am Main und Leipzig 2009 (it 3436)

William Cobbett, *The English Gardener*, 1838

Samuel Taylor Coleridge, *Anima Poetae. From the Unpublished Note-books of Samuel Taylor Coleridge*, 1895

Abraham Cowley, *The Garden*, 1666

Charles Dickens, *Große Erwartungen*. Roman. Aus dem Englischen von Paul Heichen. Insel Verlag Berlin 2011 (it 4078)

Charles Dickens, *Oliver Twist*. Roman. Aus dem Englischen von Gustav Meyrink. Insel Verlag Berlin 2011 (it 4077)

Benjamin Disraeli, *Sybil, or The Two Nations*, 1845

James Douglas, *Down Shoe Lane*, 1930
Mrs C. W. Earle, *Pot-Pourri from a Surrey Garden*, 1897
George Eliot, *Scenes of Clerical Life*, 1858
Henry Ellacombe, *In my Vicarage Garden and elsewhere*, 1902
John Evelyn, *Memoirs illustrative of the Life and Writings of John Evelyn, comprising his Diary from 1641 to 1705/6, and a Selection of his Familiar Letters*, 1818
Reginald Farrer, *In a Yorkshire Garden*, 1909
Sabine Frank, *Rosenliebhaberinnen. Ein Leben für Blüte, Duft und Dornen*. Insel Verlag Berlin 2016 (it 4437); Elisabeth Sandmann Verlag GmbH, München 2012
Thomas Fuller, *Antheologia*, 1655
Nathaniel Hawthorne, *Das Haus der sieben Giebel*, aus: *Sämmtliche Werke*. Verlag Velhagen und Klasing 1851
James Shirley Hibberd, *The amateur's flower garden*, 1871
Frances Hodgson Burnett, *Der geheime Garten*. Aus dem Englischen von Angelika Beck. Insel Verlag Berlin 2010 (it 3618)
Andreas Honegger, *Die Blumen der Frauen. Blumensymbolik in Gemälden aus sieben Jahrhunderten*. Insel Verlag Berlin 2014 (it4302); Elisabeth Sandmann Verlag GmbH, München 2011
Henry James, »Letter to Alice James«, 1898
Henry James, *The Princess Casamassima* (dt. *Die Prinzessin Casamassima*), 1886

Gertrude Jekyll, *Wood and Garden. Notes and thoughts, practical and critical, of a working amateur,* 1899

W. E. Johns, *The Passing Show. A Garden Diary by an Amateur Gardener*, 1937

Deborah Kellaway (Hg.), *The Illustrated Book of Women Gardeners*, London 1998

Rudyard Kipling, »The Glory of the Garden«, 1911

Claudia Lanfranconi, Sabine Frank, *Die Damen mit dem grünen Daumen. Berühmte Gärtnerinnen.* Insel Verlag Berlin 2013 (it 4222); Elisabeth Sandmann Verlag GmbH, München 2008

Claudia Lanfranconi, *Ladys in Gummistiefeln. Noch mehr Damen mit dem grünen Daumen.* Elisabeth Sandmann Verlag GmbH, München 2014

D. H. Lawrence, *Sons and Lovers* (dt. *Söhne und Liebhaber*), 1913

Clare Leighton, *Four Hedges – A Gardener's Chronicle*, 1935

Jane C. Loudon, *Instructions in Gardening for Ladies,* 1840

John Claudius Loudon, *An Encyclopaedia of Gardening,* 1822

Katherine Mansfield, »Das Gartenfest«, in: *Glück und andere Erzählungen*. Aus dem Englischen von Heide Steiner. Insel Verlag Berlin 2012 (it 4149)

Katherine Mansfield, *Briefe*. Herausgegeben von Vincent O'Sullivan. Aus dem Englischen von Eike Schönfeld. Insel Verlag Frankfurt am Main und Leipzig 1992

Mary Mitford, *Our Village*, 1824-1832

Lucy Maud Montgomery, *Anne of Green Gables* (dt. *Anne auf Green Gables*), 1908

Edith Nesbit, *Die Eisenbahnkinder*. Aus dem Englischen von Irene Muehlon. Insel Verlag Berlin 2010

Anna Pavord, *Die Tulpe. Eine Kulturgeschichte*. Aus dem Englischen von Sven Dörper und Thomas Wollermann. Insel Verlag Frankfurt am Main und Leipzig 2003

Anne Pratt, *The Flowering Plants, Grasses, Sedges, and Ferns of Great Britain and Their Allies the Club Mosses, Pepperworts, and Horsetails*, 6 vol., 1855-1873

John Rea, *Flora, seu, De Florum Cultura, or, A complete Florilege, furnished with all the requisites belonging to a florists*, 1665

Hanna Rion Ver Beck, *The Garden in the Wilderness, by a Hermit*, 1909

John Ruskin, *Modern Painters*, 1843-1860

John Ruskin, *Sesame and Lilies*, 1865

Vita Sackville-West, *Meine Lieblingsblumen*. Aus dem Englischen von Christel Dormagen. Insel Verlag Berlin 2016 (it 4436)

George Bernard Shaw, *The Adventures of the Black Girl in Her Search for God*, 1932

W. C. Sellar, R. J. Yeatman, *Garden Rubbish and other Country Bumps*, 1936

Sir William Temple, *Upon the gardens of Epicurus: or, Of gardening in the year 1685*

The Royal Horticultural Society, *Treasury of Garden Verse*, Frances Lincoln Publishers 2003

The Royal Horticultural Society, *Treasury of Garden Writing*. Selected by Charles Elliott, Frances Lincoln Publishers 2005

The Royal Horticultural Society, *Treasury of Flowers. Writers and Artists in the Garden*. Selected by Charles Elliott, Frances Lincoln Publishers 2006

Eleanor Vere Boyle, *Days and Hours in a Garden*, 1884

Horace Walpole, *Essay on modern gardening*, 1904

Oscar Wilde, »Der eigensüchtige Riese«, in: Oscar Wilde, *Märchen und Erzählungen*. Aus dem Englischen von Franz Blei. Insel Verlag Berlin 2013 (it 4542) © Erbengemeinschaft Franz Blei

Ellen Ann Willmott, *The Genus Rosa*, 2 vol., 1910 und 1914

Ellen Ann Willmott, *Warley Garden in Spring and Summer*, 1909

Virginia Woolf, *Orlando*. Eine Biographie. Aus dem Englischen von Melanie Walz. Insel Verlag Berlin 2015 (it 4238)

William Wordsworth, »Daffodils«, 1804

Bildnachweis

Jane C. Loudon: Seite 6/7, 10, 14, 18/19, 20, 21, 30, 34, 35, 45, 50, 55, 60/61, 74, 78, 90, 94, 99, 108, 113, 119, 120
Royal Collection Trust, London: 8/9, 32/33, 48, 56, 62, 64/65, 72, 82/83, 106, 107
The Royal Horticultural Society, London: 12/13, 24/25, 27, 28, 39, 52/53, 59, 81, 84/85, 97, 103, 104

Weitere Nachweise über das Bildarchiv des Insel Verlags.

Auswahl und Zusammenstellung von Katrin Eisner.
Die Zitate werden in dieser Ausgabe der Vorlage entsprechend in neuer oder alter deutscher Rechtschreibung wiedergegeben.

Erste Auflage 2018
insel taschenbuch 4639
Originalausgabe

Vertrieb durch den Suhrkamp Taschenbuch Verlag
Umschlaggestaltung: Schimmelpenninck.Gestaltung, Berlin
Druck: CPI – Ebner & Spiegel, Ulm
Printed in Germany
ISBN 978-3-458-36339-2